U0351021

创意无限

时尚餐厅设计

张迎军　吴晓温 / 编著

Design

新世界出版社
NEW WORLD PRESS

图书在版编目（CIP）数据

创意无限：时尚餐厅设计 / 张迎军，吴晓温编著 . -- 北京：新世界出版社，2013.11

ISBN 978-7-5104-4686-3

Ⅰ . ①创… Ⅱ . ①张… ②吴… Ⅲ . ①餐馆 – 室内装饰设计 Ⅳ . ① TU247.3

中国版本图书馆 CIP 数据核字 (2013) 第 257131 号

创意无限：时尚餐厅设计

作　　者：张迎军　吴晓温
责任编辑：张建平　李晨曦
责任印制：李一鸣　王丙杰
出版发行：新世界出版社
社　　址：北京西城区百万庄大街 24 号（100037）
发 行 部：（010）6899 5968　（010）6899 8733（传真）
总 编 室：（010）6899 5424　（010）6832 6679（传真）
http：//www.nwp.cn
http：//www.newworld-press.com
版 权 部：+8610 6899 6306
版权部电子信箱：frank@nwp.com.cn
印　　刷：山东淄博汇文商务印刷有限公司
经　　销：新华书店
开　　本：787 × 1092　1/16
字　　数：115 千字
印　　张：18
版　　次：2014 年 1 月第 1 版　2014 年 1 月第 1 次印刷
书　　号：ISBN 978-7-5104-4686-3
定　　价：100.00 元

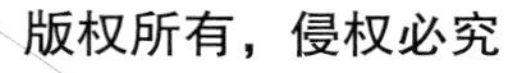

序一
Preface

商业设计意味着什么

商业设计的全部工作不过是辅助客户提升他们的环境印象和品牌形象。

我们未必是行业与技术领域最优秀的，我们未必掌握最先进、全面的设计理论，所以，我们唯有真正站在企业客户的立场，从市场的实际出发，坚持客户价值准则，提出具有客户品牌个性的环境策略方案。

我们的设计价值不是我们为客户做了什么，而是客户通过我们的设计策略，自己做成了什么。项目的真正成果不是设计提交的合同图纸和纸面方案，而是与客户共同打造的真实的立体的环境成果和品牌提升；是企业对自身目标和必须坚持的品牌理念、环境态度、价值观的坚定的认同程度；是企业最终通过与我们合作，共同努力获得的业绩提升和价值。

设计这个“行当”干的是君子协定的买卖，是像教师和医生一样的良心活儿。真正的工作成果和质量是不可能被合同约束的，就如同真正的道德是不可能被规定的一样。然而，唯有真正的作品才可能赢得真正的尊严。

设计师的阅历和过去的作品永远都不是骄傲的资本。相反，事业有成的客户才是最需要首先尊敬的。得到客户的认同、信任和尊敬是我们唯一追求的虚荣。客户的成功也不是我们吹嘘自己的资本。相反，保护客户品牌环境设计的独特性才是我们必须坚持的自律。

每一个项目都有其独特的客观条件，每一个客户都足够特殊，

每一个客户都有其事业成功的合理性。所以，除非我们坚持站在客户的角度深入理解客户及其品牌理念、市场定位、产品特性、经营模式、竞争状况、企业历史、建筑条件等实际问题，否则我们就可能让客户冒削足适履中看不中用的投资风险。因为客户把大部分投资额托付给我们来支配，责任是重大的，凭良心我们应当懂得担当、不辜负信任。

客户是请我们来解决实际问题的，所以，基于调研、沟通、论证、方案创意、图纸绘制、施工工艺、材料选配与机电工程、预算控制、家具配饰等发现的实际问题，优先次序而修订设计方案，甚至突破合同限制，是设计者应该坚持的自觉。因为既然是实际问题，它就真实存在，不在结束工程前被发现、解决，也会在开业后暴露出来，归根结底还是我们的事，因为我们的设计作品只有通过客户的项目成功，才能获得生命，客户的生意验证了我们的作品是否优秀。

知识可能是局限，经验可能是陷井，智慧可能是自负。成功可能是失败之母，成功也不能被完全复制，唯有失败才是可复制的。在追求成功的道路上，我们必须与客户一同保持对自身的足够警惕。

始终保持对自身以及设计方案的警惕，是我们必须坚守的职业操守之一。从来就没有没有

风险、没有漏洞、没有可以一成不变的设计理念和方法，而我们必须让客户知道这一点。

我们永远都不必掩饰我们的困惑和无知，暴露这些并不意味着我们的无能。客户选择我们绝不是因为我们不会犯错，客户选择我们仅仅是因为客户信任我们，并愿意将我们看作是一同成长的伙伴。

设计事业的成功一定是基于持续为我们的客户不断提供有价值的设计服务。如果我们不能和客户一起坚持这样的价值判断，我们就不过是单纯的逐利主义者。尽管企业肯定首先是经济组织，但这是我们永远不能放弃的创意最求卓越的理想主义。

我们应努力与业主一起探讨最适合的设计方案和最具进取性的品牌策略，将践行我们的价值观与作风作为设计服务的一个部分。在坚持“做人做事”社会基本价值观的意义上，我们是永远的理想主义者。在坚守“设计职业”社会基本责任的意义上，我们是永远的现实主义者。我们可以是无知的，可以是无能的，但我们绝不能是唯利是图的。

为了坚持正确的事情，我们可以也应该与客户发生争执，我们也不必在客户面前掩盖设计师之间的意见分歧。坚持始终开诚布公地表达自身的真实看法必须是我们为客户提供服务的一部分。而且我们也相信，这也是客户在坚持他们自己的目标和价值选择的道路上需要同样坚持的东西。

绝大多数商业设计工作都是紧张、辛苦的。所以我们必须有所选择，有所舍弃。因为不能给客户提供感动的方案和快乐的设计服务的我们，绝大多数时候也注定会是没有激情和不快乐的。也唯有充分理解这一点，我们才可能真正坚守这个职业。

我们之所以愿意选择设计作为自己的职业，除了一点儿天生的爱好，决非我们自视是高人一等的艺术家，我们宁可说那仅仅是因为我们努力要求自己做一个正直的人，一个尽量不去说谎的人，一个尽可能过得真实一点的人，一个敢于担当的人，一个不必看人脸色、不必怕得罪人的人，一个不把自己的喜好强加于人而去忽悠人的人，一个不炫耀、不攀比、不势利、不昧着良心蛊惑人的人，一个虽然未必能创造多少客户价值和社会价值但至少不会让他人看着我们的作品平庸的人。

本书提供的作品不一定是完美的，更不一定是优秀的，仅仅见证了我们这帮设计爱好者十几年的践行，每一个作品的背后都有一个有趣的故事，都结交了一帮挺好的朋友，都让我们感受了职业的荣耀和尊严，也仅仅为了同样喜欢和支持设计的同仁共悦！

大石代 · 张迎军

序二
Preface

设计杂谈

餐饮空间设计，关乎一种生活，关乎一种体验。设计当中最重要的是看不到的设计，人们的生活方式在改变，从农业时代经济到工业时代经济再到信息化时代经济直至现在的体验式经济，消费者已不处在产业链的最末端，而是更多地参与到产业链当中，去互动、去体验，这就要求在餐饮空间设计当中让客人更多地体验餐厅所带来的趣味性、故事性。从单纯的卖产品、卖服务到更多地给予客人生活体验、生活趣味，同一类型的餐厅产品服务是相对变化不大的，但体验可以千变万化，体验是基于经营方、设计方、客户方共同创造的，挖掘客户的体验需求是设计之前需深入调研思考的重点。

自然属性的关注，让餐厅成为人们生活、工作之外的“第三空间”。第三空间是人们丢失或减弱的生活本性，心不轻松你就看不到美，快节奏的城市生活使人们失去了原始的自然属性，在餐饮空间设计当中应更多地关注到人的自然属性的释放，使得第三空间具备更多的趣味性，让就餐成为生活故事的一部分。设计的思考不光是可以触摸的材料，而是过程的体验及与人的交流。

关于体验型餐饮到体验型设计的分析

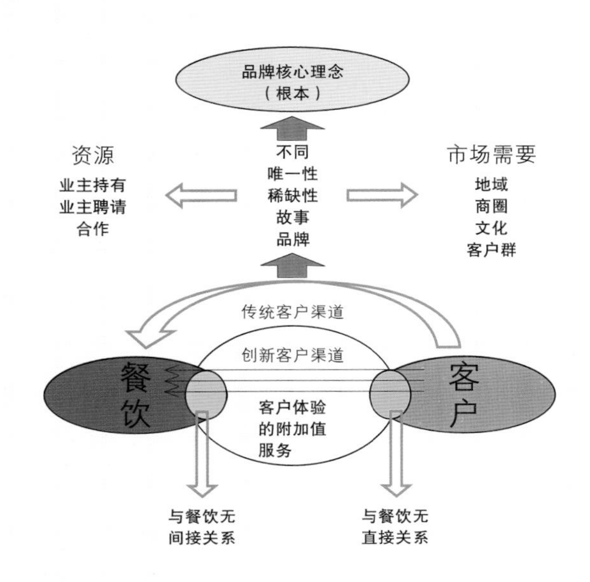

如上图所示，在餐饮与客户之间，传统渠道是“迎来送往”，是一种直接关系，其关注餐饮之内忽视餐饮之外，而客户体验是一种曲线关系，影响直线转变曲线的因素是与餐饮无直接关系或有间接关系的区域，在餐饮经营上称之为“附加值”，这种附加值就是给予客户的种种体验。这种桥梁关系影射到空间设计上，就犹如苏州园林当中的小桥流水设置，直线小桥给人的感受是其交通工具的功能更为突出，但体验感较弱；而曲线小桥则可达到移步换景的互动体验感。这就要求餐饮设计无论平面布局还是文化概念植入，都要结合商业模式的设定转化为一种生活的体验。关注到设计之外的范畴，关注到事物的根本和发展趋势。体验是一种看不到的设计，就餐是一种过程体验，例如在餐饮空间当中设置书店看似与就餐无关，但它是喜欢读书群体的“圈文化”，是现代人丢失的一种生活属性，一家餐厅不可能满足所有客户的需求，只有“铁杆粉丝”才能产生重复消费，才是餐厅最终的目标客户群，恰恰这些“铁杆粉丝”需要圈文化的体验。产生第三空间的互动与交流，从而建立客户与餐饮的曲线架构——生活新体验。

设计在发现，设计在寻回，就是发现新的体验模式，寻回迷失的自然属性。

大石代・吴晓温

目 录
Contents

目 录
Contents

上品魚莊
野生大魚十傳統鐵鍋

石家庄上品鱼庄

项目说明

项目名称：石家庄上品鱼庄
设计单位：大石代设计咨询有限公司
设计主持：张迎辉、贾彩虹
摄　　影：邢振涛
面　　积：400m²
设计时间：2011 年 12 月
竣工时间：2012 年 3 月
工程主材：木饰面、仿木地板地砖、涂料、原木、仿木纹石地砖
项目地址：河北省石家庄市

设计说明

上品鱼庄位于石家庄市良村开发区，周围人群以公司上班族以及附近居民为主，所以本案定位的消费人群为公司白领以及中层干部人群。

本餐厅以铁锅炖三江野生大鱼为主打菜系，充满着浓浓的东北风情。为了更好的贴近主题，我们采用了原生态的装饰材料，木饰面、仿木地板地砖以及鱼鳞纹磨砂质感的透明玻璃，整体风格淳朴而又不失民族风情。

整个餐厅的亮点为散台区，散台区被一片水区环绕着，每个餐桌都以水为隔断隔开，水缓缓的流淌，鱼儿游曳其中，半高的隔断中间堆砌着参差错落的原木，圆弧形的木格栅把整个空间划成一个个美丽的弧线，使整个空间都生动了起来，鸟笼灯点缀其中，使人仿佛置身于世外桃源，整个身心都放松了下来。

包间内采用了大量的木饰面，点缀着东北捕鱼的场景，窗户玻璃也采用了鱼鳞纹磨砂质感的透明玻璃，使人在包间内也能感受到浓浓的东北民俗风情，传统而不失时尚，在这里，你品尝到的不只是鲜美的炖鱼，更多的是心灵的回归……

八旗羊汤

石家庄八旗羊汤

设计说明

餐厅整体以“八旗文化”为主题，结合现代的装修手法，旨在为顾客营造出一个舒适、时尚的就餐环境。

餐厅的经营定位为中式快餐，消费人群以朋友聚会和家庭消费为主。在整体布局上分了散厅和包房两大区。为了方便餐厅的经营管理和顾客的私密性，又将散厅分了A、B、C、D、E五个区，这样就使得餐厅整体即开敞又私密。

项目说明

项目名称：石家庄八旗羊汤
设计单位：大石代设计咨询有限公司
设计主持：霍庆涛
摄　　影：邢振涛
面　　积：1700m^2
设计时间：2009年6月
竣工时间：2009年9月
工程主材：PVC贴片、橡木、壁纸
项目地址：河北省石家庄市

餐厅的入口整体简洁、明快。八旗官兵的服饰以陈设的方式展现出来。楼梯间两侧的水景层层淌出，吸引着客人的视线，又象征着聚财之意。服务台以圆木的形式出现，加上酒坛的展示既体现了八旗子弟的豪爽之气，又给散厅增添了一道风景线。散厅以圆形布局为中心展开，整条弧形光圈悬挂在大厅，内侧整墙面的白桦林造型，以抽象的形式出现，给了顾客更多想像的空间，包间内以浅绿色为主色调，以草原风景主题画和斜格造型窗搭配，一种草原风情油然而生。整体设计在细节处的表达别有洞天，外观上不锈钢碗组成的八旗服饰上的图案注入了后现代的时尚元素。

A003

济南金春禧

项目说明

项目名称：济南金春禧
设计单位：大石代设计咨询有限公司
设计主持：王国猛
摄　　影：邢振涛
面　　积：1400m²
竣工时间：2012 年 5 月
工程主材：黄洞石、皮革硬包、米黄地砖、玫瑰金不锈钢
项目地址：山东省济南市

设计说明

济南金春禧饺子城位于济南最繁华的商业路段。该建筑呈矮长的条形，内部结构也相当单纯，以一排构造柱为中心，两跨分开。因为原来的饺子为主、鲁菜为辅的特色已无法满足商业运作，设计师基于原建筑本身和对周边环境的考量，以及消费群体的改变，重新打造了一个以鲁菜为主的高端金春禧品牌。

我们希望以现代简约的方式演绎西韵东情，并使之抽象化为若隐若现的意象。无论是公共空间还是包厢乃至陈设元素都无处不在。吉祥万字纹是最先启发我们的一个元素也是本案的符号中心。在VI系统、外观视点、中庭隔断、公共空间等反复变体运用，意在希望这种定位和消费人群的巨大改变，带来的是万事如意，而不是装修的投资带来的与经营的脱节和压力。另外，原建筑的长条空间也是本案的重点议题。为了将动能布局分区处理，以便减少客人流线的交叉，我们将主入口由空间中间改为一侧贴近楼层的位置，这大大改善了原来格局凌乱的现象。我们希望能以一种顾客视角来分析空间的实用性及美观性，创造无论是在特质上还是动能上都独树一帜的个性化空间。事实证明，这样的设计与商业运作已经完美融合。

张家口香园楼

设计说明

张垣大地山河壮美，历史悠久。涿鹿三祖文化、泥河湾文化在世人面前展开了一幅美丽的历史画卷，而张库大道上络绎不绝的老倌车和驼队更是生动地演绎了张垣大地特有的“百里不同食”的民俗饮食习惯。六商融合给这里带来了繁荣昌盛的贸易景象，而长城第一门——大境门便成为商贾竞相开启的财富之门。

项目说明

项目名称：张家口香园楼
设计单位：大石代设计咨询有限公司
设计主持：牛士伟
参与设计：张迎军
摄　　影：邢振涛
面　　积：4000m^2
设计时间：2009 年 7 月
竣工时间：2009 年 12 月
工程主材：木饰面、瓷砖、涂料、壁纸
项目地址：河北省张家口市

回荡在张库大道的驼铃声仿佛在诉说着祖辈们的艰辛、勤劳与智慧。当他们收获了财富停顿一下疲惫的脚步，迈进打着酒幌的客家驿站的同时，四面八方的美食汇聚于此，瞬间的财富也就变得更加有意义。一盏油灯，一壶温热的烧酒，几碟小菜便是他们最好的享受。南甜，北咸，西酸，东辣，外怪成为祖辈们桌上的话题。这就是商贾带给张垣大地的独特的文化魅力。

经过对张垣大地历史文化和民俗饮食习惯的深层挖掘，把一个体现张垣商贾特点的饮食文化呈现给厚爱这块土地的人们，成为张垣文化的饕餮美食。希望将这一文化和繁荣永远传承下去，让张垣美食文化传遍中华大地。

青島 啤酒

大商幫

大好河山

石家庄阅微食府

项目说明

项目名称：石家庄阅微食府餐厅

设计单位：大石代设计咨询有限公司

设计主持：张迎军

摄　　影：邢振涛

面　　积：4500m^2

设计时间：2006 年 6 月

竣工时间：2006 年 12 月

工程主材：洞石、陶砖、壁纸、玻璃

项目地址：河北省石家庄市

设计说明

天然居阅微食府项目重点强调的是“阅精微而致广大”的精神，借用纪晓岚文化来传达“盛世文化”，以此作为主线进行贯穿。具体应用中，以对纪晓岚文化的“正说”和“戏说”两条线来阐述。“正说”是于纪晓岚的著作《阅微草堂笔记》及其楹联中，具有代表性的文字进行精选，并以投影摄灯的形式将文字投射到墙面上，表达其哲理以及对世人的劝诫。

“戏说”是把纪晓岚深入民心和广为流传的民间故事和传闻轶事以图片和文字的形式进行展示，以讲故事的形式突出其趣味性，使之成为顾客茶余饭后及工作之余的谈资。以时尚演绎古典，用现代方式表达传统文化，借物、借景寓意，是本方案深入考虑的重点问题。例如外建筑体临街的落地窗和陈列的柱体，不仅使室内与室外可以互动起来，还提供了一个新的视觉角度和视觉感受，是“阅微”精神的体现；入口直对设置的带有楹联和灯谜的圆形灯笼，让顾客在参与中感受趣味；一层散座区临街的窗体采取装饰手法，将传统的吉祥纹样，附以新的心理体验；包房中设置的活字印刷版面和放大镜后设置的印章，都是对传统文化重新的认识和表现。

弹性空间是一层和三层宴会厅中最主要的构成形式，大型的空间可以进行不同方式的组合和变化，以应对市场的需求和变化，增加项目运行中的灵活度，而面对包房原走廊动线较长的问题，通过空间的转折和节奏的变化加以改善，大大缩短了顾客行走时的心理距离。

“阅精微致广大”，我们同样也应该秉承这样的精神去重新思考和重新认识。

井河公馆
私家菜
RIVER RESTAURANT

天津井河公馆

设计说明

I. 空间表情——现代的儒雅

在提取粉墙黛瓦的色调基础上，加入现代时尚元素，无彩色加驼色米色系列使得清雅的空间多了份亲切与现代感，家具没有采用传统的官帽椅而是简约的现代家具，从色彩关系和造型与儒雅的情节相呼应。使得传统与现代形成一种情感的交融，客人在此空间就餐，别有一番享受。

项目说明

项目名称：天津井河公馆

设计单位：大石代设计咨询有限公司

设计主持：吴晓温、张迎军

摄　　影：邢振涛

面　　积：2000m^2

设计时间：2010 年 9 月

竣工时间：2011 年 1 月

工程主材：木地板、黑檀、木料、喷绘

项目地址：天津市空港

2. 关键点——主线中的节点设计

（1）淮扬菜的精髓

以味为核心，以养为目的——延展到空间设计中的“以景为核心，以惬意为目的”虚境实景相结合（水墨江南墙画、小桥流水虚实交映）。

（2）盐商富而雅的生活情趣

生活化的空间“静”“雅”“趣”透过景观的布置，使得客人在行走过程中体验“游园—读园—赏园”的空间情趣，门厅的青山碧荷，过厅的诗词歌赋，大厅的锦鲤戏水则共同勾勒出江南富雅的生活。

（3）腌渍古韵

一反江南菜的甜腻，适合天津当地口味。

（4）长江与运河

没有长江与运河就没有淮扬菜的繁荣，门厅的青山碧荷、墙壁淡雅的江南主题的泼墨画，书写着江南的繁荣富雅。

3. 盐商文化——贯穿设计的主线，以此展开设计思路

（1）扬州多以盐务为生，习于浮华，精于肴馔，故扬州筵席各地驰名。由盐商和盐官的饮食规范所形成的场面浩大、环境典雅、菜肴奇特、选料精严、食器精美的风格。

（2）盐商分类为井盐帮和运河帮

（3）食盐为百味之祖，自贡为井盐之都，盐帮为美食之族。

（4）出品为淮扬菜与盐帮菜

COLORhotpot
三秦原创火锅
假日浴场

神木三秦原创唐锅

项目说明

项目名称：神木三秦原创唐锅
设计单位：大石代设计咨询有限公司
设计主持：吴晓温
摄　　影：吴晓温
面　　积：1000m²
设计时间：2011 年 9 月
竣工时间：2012 年 2 月
工程主材：石材（雅典米黄）、地砖、壁纸、不锈钢、水银镜
项目地址：陕西省神木县

设计说明

物以稀为贵，含蓄是奢华，内敛也是奢华，奢华有内敛而含蓄的文化特质。疏则轻，少则贵，“轻生活”是一种奢华，轻心、轻体、轻食、轻居，轻是现代“超音速”状态下慢生活的生活态度，于是就有了慢生活餐饮体验。原先的一些高端产品喜欢镶金嵌银，用金碧辉煌的外形直接告诉人们：我很贵，很奢华甚至奢华得吓人，奢华得成了负担。吓人过后，高端产品开始反思抛弃这种外露的奢华形象，转而追求一种低调的、内敛的品位，慢的、轻的生活方式。

神木三秦原创唐锅在文化定位及环境、灯光、音乐、服务上都体现了这种生活态度。唐文化不再是华丽的外表、奢靡的装饰，而是由飞天、牡丹、大唐红营造的轻生活的雅致空间。没有过分的热情接待，推门而入是悠长的大唐红长廊，迎接客人的是仪容端庄，

笑容可掬的陶瓷唐朝仕女（唐三彩），轻的环境、慢的脚步梳理着心情，回味着久远的大唐文化。服务在于贴心而非一味的热情，随着迎宾人员应声把厅门打开，跟随一幅大唐盛世画卷展开了体验唐锅之旅。

变劣势为特色，本项目商业不足之处在于，营业区在沿街商业体后方，需穿过狭长的胡同才能进入营业大厅，建筑层高不足 2.6 米，要营造大唐盛世，空间难度非同一般。“物以稀为贵”，这也算“稀缺”吧，于是用“轻”去塑造大唐的“盛”，原有建筑外观为玻璃幕墙（浴池业态），透过飞天飘带提炼为红色镂空幕墙装置，体现大唐红与飞天文化，狭长的走廊设计为“大唐红”艺术长廊，沿街而入多了份期待与放松，于是我们在长廊之后埋下伏笔（门厅的二度空间做设计转变），推门而入映入眼帘的是明快时尚的空间感受，水景、大唐盛世油画、仕女饰品装置着空间的文化表情，小空间当中我们则更多地给客户以片段记忆（疏则轻少则贵），留给空间的品赏者更多的是对大唐的追忆。餐饮区走廊、包间、过厅分别穿插了飞天、牡丹、马球、唐仕女、唐瓷器等陈设品，以营造大唐历史印记。餐椅金属框架、吊顶水银镜、地面黑色高光地砖，通过反射以及控制空间亮度使得空间得以延展。“疏则轻少则贵”的理念，解决了狭矮空间营造意向盛世空间的问题。

石家庄热河食府

设计说明

用现代手法传达中国古典意蕴是本案设计师一直在探索和实践的一个课题。中国五千年的文化如何与当下接轨，是原样照搬还是推陈出新？在本案中设计师给出了一个不同的答案。

“古韵新风”，去其形，存其意。本案中，“热河食府”是一家经营塞外宫廷菜的中餐厅，设计师以承德文化作为大背景，融合木兰围场、避暑山庄等建筑，将人文与自然风光为一体的设计风格巧妙地运用到空间设计中。大幅的中国山水画、自然景观布景、青花瓷器、京剧脸谱、紫砂壶、象棋、彩蝶像一个个建筑精灵，向人们展示着避暑山庄七十二景的自然风光。走进热河食府，犹如进入清王朝鼎盛时期的歌舞升平以及清帝对葛尔丹一次次的讨伐与征战，令人浮想联翩。

项目说明

项目名称：石家庄热河食府
设计单位：大石代设计咨询有限公司
设计主持：霍庆涛
摄　　影：邢振涛
面　　积：2600m^2
设计时间：2010 年 7 月
竣工时间：2010 年 11 月
工程主材：木饰面、仿石材地砖、涂料、壁纸
项目地点：河北省石家庄市

古韵犹存，新风焕然。简洁的空间界面内没有一丝多余而近似累赘的表达。“见光不见灯”的光环境营造使空间显得深邃而悠远，且富有层次。茶色镜片的使用使空间富有了变化和多样的表情，使空间得到延展的同时也对装饰进行了“无成本复制”。在装饰画的运用上，设计师更是别出心裁地将一本介绍清帝和避暑山庄的书籍拆散进行装裱，在装饰空间的同时更加精确地传达了承德文化。

五千年的中国文化是本案设计师汲取营养的根，我们有责任继承和延续。

芳
墅
407

雀舫
203
畅远台
202

女
卫生

唐山东来顺

项目说明

项目名称：唐山东来顺旗舰店——南湖店

设计单位：大石代设计咨询有限公司

设计主持：张迎军、李景哲

摄　　影：邢振涛

面　　积：2900m²

设计时间：2010 年 11 月

竣工时间：2011 年 6 月

工程主材：拉丝玫瑰金、玉石、沙安娜米黄、啡网、铁刀木、楸木、金箔等

项目地址：河北省唐山市

设计说明

“纯洁无染之谓清，诚一不二之谓真。”

“与时俱进，和而不同”，清真、京韵的融合。

传统的传承与创新。

营造特色餐饮文化内涵——民族品牌新的生命力。

步入前厅，纯手工敲制的铜制“北京东安市场”场景图，彰显出东来顺的百年历史文化底蕴；透过纯钢制的博古架，华丽大气的散厅隐约可见；玉石的弧形楼梯，点缀着晶莹剔透的珠帘；伊斯兰图案磨砂的玫瑰金电梯，引领高端客人直达四层会所。

——简洁的用色，几何式的镂空花格，共同体现着伊斯兰的风格特点。

——穹顶合理利用原建筑特点，运用在不同空间，古朴且自然。

——店内收集并保存来自世界各地的伊斯兰艺术品。

——几何纹样无始无终的折线组合，转瞬间展现出了无限变化。

——用现代的材料，结构表达传统的习俗和符号。

場市安
為人民服務

黑土·印象
soil · impressions
黑土·印象12月23日重装试营

北京黑土印象

设计说明

北京黑土印象时尚精品餐厅是由北京东北虎餐饮管理有限公司投资的一家以东北菜为特色的中档酒店。原来环境朴素，缺乏设计感，人均面积小，在多年的市场竞争中拥有稳定的消费群体。但面对今天人们对消费文化要求的提高和同类餐厅的更新挤压，从长远经营考虑，业主决定重新包装环境，重新确定市场定位，提升企业的文化品位，要求在减少餐位数的情况下日流水不变。

项目说明

项目名称：北京黑土印象时尚精品餐厅
设计单位：大石代设计咨询有限公司
设计主持：张迎军
摄　　影：张迎辉
面　　积：1100m²
设计时间：2007 年 6 月
竣工时间：2007 年 12 月
工程主材：木饰面、壁纸、镜面
项目地址：北京市朝阳区

设计一开始我们就在文化定位上以“黑土·印象”为文化主题，对细节加以延伸。我们整理了主要设计元素，使之贯穿始终。黑红色基调，分别代表土地和情感。雪花则鲜明地道出了餐厅的地域特征。从外观上我们使用黑色玻璃墙点缀粉红色雪花，在室内一层到二层都用雪花这一符号延续，强调餐厅的环境特征。

外观入口红色柱子到红色楼梯拦板就像彩带迎接着人们的到来。室外大红灯笼采用借景手法与二层的楼梯间共享这一景观。服务台对面的大红灯笼使散厅有了层次感，也界定出一个有气氛的过渡空间。在卡座、廊道和包房内选用了一些东北老照片，唤起人们对那段历史的文化情结。环境改变了，不再是火炕、粮囤子和大花布，而是注重艺术的表达，使环境给人以新奇的感受，适合现代人们的审美情趣，同时也增强了企业综合竞争力。“黑土·印象”吸引了更多的消费者，完成了设计的商业价值。

印象
Impressions

石家庄湘玲珑融和餐厅

设计说明

本案位于高档商场内，周边高档写字楼及企事业单位众多，因此我们把消费人群定位在白领消费及二级商务消费。

在设计手法上，我们迎合了餐厅名称，以文化湘为主线，在整体环境性格塑造上时尚又不失稳重，以此来迎合白领消费及二级商务消费的市场需求。

门面及餐厅的设计上用了大量的镜钢反射，一是为了加强商业气氛，二是体现湘玲珑餐厅的特色，七彩渐变的餐厅 LOGO 又给它增添了时尚元素；前厅大体量的蓝色釉罐、银器挂饰，再加上新古典主义的沙发椅、灯饰，强烈的民族符号和新古典主义的混搭、融合，给顾客带来了一种全新的感受。

项目说明

项目名称：石家庄湘玲珑融和餐厅
设计单位：大石代设计咨询有限公司
设计主持：张迎军、张京涛、李勇锋
摄　　影：邢振涛
面　　积：1000m^2
设计时间：2010 年 2 月
竣工时间：2010 年 5 月
工程主材：饰面板、地砖、镜面不锈钢、壁纸
项目地址：河北省石家庄

散厅用一群鱼来进行空间分割，这样既增强了餐厅的情趣，又成了整个空间的视觉中心，而椭圆形状的竖线造型，打破了呆板的走廊空间，使整个空间活跃了起来。包房内的空间处理上，由于包房内没有窗，长时间呆在里面难免会有闷的感觉，我们在设计上就用了小面积的镜面来处理，给顾客一个心理上的虚拟空间。

在餐厅的整体设计上，我们没有在造型上花太多功夫，而是在处理了空间大关系的基础上，用饰品来丰富整个空间。大体量的银饰挂画、风情黑白照片、蜡染画等具有湘西特色的文化，在这个内敛的空间中慢慢地散发。

603
K05

28

溧阳新华厨大酒店

设计说明

江苏溧阳山清水秀，人杰地灵。新华厨大酒店便是以这片土地为基，以溧阳文化为主线，贯穿起的一个中高端大型餐饮店。

身为美食家的新华厨业主，不仅在餐饮行业造诣颇深，而且对本土历史、文化有着浓厚的兴趣和情感，这便为新华厨大酒店本身奠定了文化的基调。与此同时，设计师经过实地考察，在对项目深入了解的基础上，与本地的文化学者一起对溧阳文化进行了纵横方向的探讨与沟通，最终确立以“山水竹茶，耕读传家，文化溧阳，美食溧阳”的文化主题展开设计。

项目说明

项目名称：溧阳新华厨大酒店
设计单位：大石代设计咨询有限公司
设计主持：李勇锋 张迎军
摄　　影：邢振涛
面　　积：5000m^2
竣工时间：2012 年 12 月
工程主材：灰木纹石材、壁纸、水曲柳木饰面、木花格
项目地址：江苏省溧阳市

随着设计主题逐渐明朗，设计上要面临的议题便是文化主题如何被转化到空间上，也就是如何将所谓的构型美学与地方文化融为一体，构建人性化愉悦的用餐环境？设计师是这样层层拨开迷雾的：

首先是对空间功能的合理划分。建筑本身中间有一个挑空空间，我们将挑空空间作为空间的中心展开处理：一层为多功能宴会厅，中间作了活动隔断，可满足不同的宴会需求，以提高空间的使用率；二层围绕中空展开作为包房，中空部分用花格窗隔开，这样可以让二层的客人能同时感受到一层的就餐气氛。在空间的处理上讲究的是对称的空间感，运用木纹石及米色壁布等当代装饰材料，通过灯光、配饰，营造出舒适、淡雅的空间环境。

其次是发挥软装陈设的表现力，将本地文化整理归类。一层空间主要文化点为溧阳民俗民风，将乡音、方言、谚语、民间故事及传统的生活用品体现在空间中，来强调喜庆感和人们对生活的回忆；二层空间主要文化点为名人典故，陈曼生的紫砂壶、孟郊的《游子吟》、李白的《猛虎行》以及史贞女与伍子胥的故事，用历史来增强空间的文化感。

最后是在空间对文化艺术的表现方式上，我们强调文化表现方式与空间的统一，通过空间尺度的推敲，色彩的搭配，运用摆、挂、置等手法，把文化融到空间上，最终达到一个具有地方特色文化和符合当代审美的空间环境。

溧阳新华厨餐厅集餐饮精髓与人文艺术于一身，实为文化餐饮的践行者，我们希望它成为餐饮文化与历史文化的传承。

十堰宏正酒店

设计说明

1. “上善若水，知足常乐，虚怀若谷，厚德载物”

千年的历史积淀，孕育了中国人独特的处世哲学。结合湖北十堰市紫荆花酒店管理有限公司的经营菜品与十堰的地域文化，设计之初就以道家文化、武当文化为设计之魂，从而有了如今呈现在大家眼前的湖北十堰宏正养生会所。

项目说明

项目名称：十堰宏正大酒店

设计单位：大石代设计咨询有限公司

设计主持：张迎军、李景哲

参与设计：王静、袁铭、张建

摄　　影：邢振涛

面　　积：1500m^2

设计时间：2011 年 11 月

竣工时间：2012 年 8 月

工程主材：卡布奇诺石材、啡网、仿石砖、尼斯木、鸡翅木、铝板镂空花格、壁布、金箔板画等

项目地址：湖北省十堰市

2. “兰花清香，古韵悠然”

为了营造道家养生的氛围，设计上对空间内的主材料和色调进行了深入的分析。素雅的亚麻布、古铜色的花格、凹凸质地的木地板、精致的钨钢条收口，无不体现着简洁、稳重、大气。空间内的名家字画、景德镇青花瓷器、别致盆景、鸡翅木家具，则提升了整体空间的韵味。

3. “养生润德”

“食”与“德”均可养生。“知足常乐，虚怀若谷，厚德载物”这些赋有处世哲理的包间名称提炼于《道德经》，让客人在就餐的同时，感悟包间名称其中的寓意。

道家养生观追求食材原味，素雅的中式韵味就餐环境，悠扬的古琴，淡淡的兰花清香，不同质地的装饰材料，从视觉、味觉、嗅觉、听觉、触觉上给客人以全方位的体验。喧嚣的城市当中，原来还有如此一隅，这也难怪开业之后一直倍受追捧了。

紫气东来
「老子西游 关令尹喜望见有紫气浮关
而老子果乘青牛而过也」

石家庄名家澳门豆捞

项目说明

项目名称：石家庄名家澳门豆捞
设计单位：大石代设计咨询有限公司
设计主持：张京涛、张迎军
摄　　影：邢振涛
面　　积：1500m²
设计日期：2011 年 3 月
完工日期：2011 年 10 月
工程主材：新西兰米黄、壁纸、皮革、白玉兰石材
项目地址：河北省石家庄市

设计说明

名家澳门豆捞作为石家庄本地最早的一家高端火锅店，经过几年的经营，已经有了很高的客户认知度。本次设计作为该店的全面升级改造，着实是一次难度不小的挑战。

设计师经过全面的分析之后，决定使用清新淡雅的新古典主义风格，舍弃一些夸张的造型、浓烈的颜色、耀眼的材质等表面化的元素，力求让客人在一种放松的状态下感受着褪去浮夸后的经典。

承德紫鑫火锅

设计说明

承德双滦紫鑫火锅位于承德市双滦区，是一个按新东方韵味和西方雅致审美需求共同打造的空间，一个真正拥有海纳百川胸怀和风花雪月情愫的用餐环境的场所，一个中西合璧、风格一览无遗，营造品味文化生活的舒适佳所。

项目说明

项目名称：承德双滦紫鑫火锅
设计单位：大石代设计咨询有限公司
设计主持：张迎军
摄　　影：刑振涛
面　　积：1500m²
设计时间：2009 年 4 月
竣工时间：2010 年 10 月
工程主材：黄洞石材、壁纸、彩色玻璃、磨砂玻璃、黑白根石材
项目地址：河北省承德市

本案的设计创意来源于上世纪二三十年代的香港以及老上海的中西文化融合之精华，无论是玫瑰花窗还是欧式的酒柜、家具、灯饰、配饰摆件，都在渲染低调、奢华的情调；柔和的灯光照亮了它所能照耀的各个角落，置身其中，处处显露自由、奔放的气质；古典精致的留声机播放着高雅的音乐，把这优美的旋律送入每一位就餐者的耳中，仿佛穿越了时空的隧道享受着那个年代人们生活的情怀与惬意。

整个空间处于时尚与古典、现代与传统之间，既有东方的婉约意境，又借鉴了西方简单的生活方式，而老上海风格则将两者汇聚一身。每一种材料、色彩都有不同的视觉表情，最重要的是那一股质朴超然的情调，承载着老上海的风韵与魅力。这就是设计师的独具匠心之处。

鼓樓南
GULOU
八號御膳

天津八号御膳

设计说明

八号御膳地处天津市开平区鼓楼（老城厢天津传统商圈），周边分布着高端住宅区、办公楼及政府机关，有远东百货、新世界百货、天街（国际精品第一街）、大悦城、仁恒海河广场、七向街、环球金融中心等，老城厢将是崛起的新兴商业版图。

八号御膳的装饰效果采用的是海派新贵的休闲风格，以适应新兴商业区商务人士的心理诉求，强调餐饮文化内涵，重视家具陈设的多样变化和艺术的观赏性，充分体现来自一线品牌的文化和生活方式，作为高档餐厅的八号御膳更多的是起到了商务平台的作用，同时也吸引着高品质的家宴。

项目说明

项目名称：天津八号御膳

设计单位：大石代设计咨询有限公司

设计主持：吴晓温、张迎军

摄　　影：邢振涛

面　　积：3000m^2

设计时间：2010 年

竣工时间：2011 年 2 月

工程主材：仿石材地砖、木饰面、不锈钢方管、镜面不锈钢、壁纸

项目地址：天津市南开区

别具特色的包间以不同的主题演绎别样的生活方式，消费群体侧重商务人士、公司老板和企业负责人、政府机关政要，同时以散厅消费来弥补中端消费客户，注重散厅布局形式的私密性、品味性（周边餐厅多定位中端、中高端，散厅区域可吸纳中高端客户），餐饮与商务交际、休闲消费紧密结合，不单纯为做餐饮而作单一的心理感受，融入会所、酒店甚至高尔夫的商务休闲的经营概念，用多元化的思路打造独特的商务就餐环境，提升出品牌与特色，注重品牌力量建设及专业团队服务的品质，以此达到设计、环境、出品综合元素的错位经营，在同样的客户群资源的前提下不形成恶性竞争，透过优质的出品、特色的经营模式来传达品牌的力量，共同推进高端消费市场的成熟化。

石家庄承德会馆

项目说明

项目名称：石家庄承德会馆
设计单位：大石代设计咨询有限公司
设计主持：张迎辉、霍庆涛
摄　　影：张迎辉、邢振涛
面　　积：1800m²
设计时间：2009 年 5 月
竣工时间：2009 年 10 月
工程主材：石材、地砖、木饰面、壁纸、灰砖
项目地址：河北省石家庄市

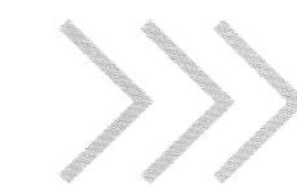

设计说明

承德会馆之印象・热河。

承德——热河——避暑山庄——康乾文化。

在此文化背景下，以避暑山庄的中国园林概念演绎着康乾的文武精神。前厅的小桥流水和四合院的门楼将园林文化的闲情和贵族生活气质的表达，给了会馆一个清晰的定位。北方民居是避暑山庄建筑的基础，四合院与园林手法的结合，没有华丽，只有情感。

康乾七十二景在楼梯间的表现贯穿一至三层，更显诗情画意，神采飞扬。二层入口的琴棋书画和康熙狩猎图，传达着康乾的文武精神。通过荷塘的回廊才能进到三层，将公馆的园林概念带入一个新的高潮。园林、人文、康乾的文武精神，充满着整个空间，感染着宾客，传承着东方文化，让人们在享受美食的同时，也享受着文化大餐。

避暑山庄

唐山珍逸轩

设计说明

在商业空间和社会空间之间，设计师是一架桥梁，如何去构架它，我们坚持了以下三条原则：

（1）舍弃那些多余、不必要的材料；

（2）讲究舒适；

（3）往往最华丽的其实是最简单的。

此次设计以优雅、内敛、蕴含无限为主题，融入少许新装饰主义风格，烘托出尊贵、高雅的氛围。

主调以黑、白、灰为色彩背景，带有部分深棕，暗示着永恒及经典，谱写着极富节奏的韵律。设计的新古典灯饰作为重要点缀，既烘托了主题，同时也饱满了店内的设计细部。在餐椅的选择及一些装饰细节上也能感受到现代与古典的交融，恍惚间如同回到了过去的浪漫时光。经过感性与理性的设计思考后，店内充满着现代、复古的浪漫主义情怀，给人以“无声的震憾”。

项目说明

项目名称：唐山珍逸轩

设计单位：大石代设计咨询有限公司

设计主持：张迎军

摄　　影：邢振涛

面　　积：1600m^2

设计时间：2009 年 3 月

竣工时间：2009 年 7 月

工程主材：仿石材地砖、木饰面、镜面不锈钢、壁纸、皮革

项目地址：河北省唐山市

V
20

包头珍逸食神

项目说明

项目名称：包头珍逸食神海鲜火锅
设计单位：大石代设计咨询有限公司
设计主持：吴晓温、张迎军
摄　　影：邢振涛
面　　积：1500 m^2
设计时间：2009 年 1 月
竣工时间：2009 年 7 月
工程主材：仿石材地砖、木饰面、镜面不锈钢、壁纸、皮革、水晶
项目地址：内蒙古包头市

设计说明

打造精致品味，引领港式新潮。包头珍逸食神餐厅的定位是以经典为基础，把海派新贵的理念导入餐饮经营当中，针对高端客户对现代生活、交际的需求，打造出新贵族的港式休闲就餐环境。

珍逸食神设计理念源于对健康、新贵、经典的一种追求，营造新时期的经典生活。无论是外观还是内部环境都力求给人以精致感观以及精心服务的深刻印象。外立面强调建筑的挺拔感，几何的序列造型取自蒂克风格延续经典，层层叠加的造型在夜色灯光的营造下多了份神秘与高贵，透过玻璃橱窗室内充满了温暖浪漫的色彩，几组大型水晶吊灯更加彰显了经典的质感。隐约中鱼儿游动，流水潺潺。随着序幕的拉开（由大门进入前厅），幽深的大厅在大型水晶吊灯的映射下显得璀璨夺目，4.2 米高的红酒架依次排开，挺拔的气势再次震撼心灵。深色的石材是舞台的背景，舞者（水晶吊灯、壁灯、红酒架、水系、经典的家具）在用不同的肢体语言，营造着共同的曲目“经典”。欣赏者（客人）内心带着好奇与期待，品味着空间环境的大餐。在休息等候区，新古典的经典家具在立体水系的围合下给人以新贵生活的休闲感受。休息的同时，旁侧悦目的鱼儿不时地追逐嬉戏，而散座区围合的沙发则在给人以居家的亲切感的同时也增加了空间的私密性。巨幅的大型书绘的跳跃的颜色与休息区工艺摆台的艺术品遥相呼应，增加了空间的艺术氛围。二层包间廊道、书架、绘画、休闲沙发、绿植，在暖暖的灯光映射下，给人以温馨和谐的居家感受。

设计所要表达的也正是这种居家PARTY的感受，这种就餐环境是舒展的、精致的、有品味的（这里可以是用心承办的家庭PARTY，也可以是主人盛邀之下的精心准备。大气经典的包间入口展现了非凡的气度，金属与赛克立休门套，银色的卷草纹的门扇，及刻花的把手、壁灯，无不展现出经典的品质）。门套的LED是专为用餐客人服务的精心打造，例如客人姓氏预定、温馨祝福表达，还可根据客人不同需求做出个性化调整。走廊末端分设了休息区、工艺摆台。楼梯护栏则以酒架做装饰的手法相呼应。三层包间廊道的红酒坊，则演绎了红酒的传说。

包间依据客人的需求与生活方式做了不同定位，加以主题经典诠释。

红酒世家：品红酒，抽雪茄不但是一种生活更是一种文化，餐厅包间以红酒为主体，不同产地、不同年代的红酒在这里化作文化展示墙，以酒红系列色调搭配家居风范。

伊甸园：优雅梦幻、怀旧中夹着一份清雅。淡淡的橄榄色、高贵的金色和飘逸浪漫的藕荷色，共同构织了一曲浪漫的伊甸园。包间设计营造出一种娴静舒适、气质高贵、品味脱俗的氛围。

伯爵：游猎、户外PARTY。庄园宴请聚会上，气度非凡的伯爵、优雅高贵的贵妇，这是一场视觉的盛宴，这是一声华贵宴请，这就是伯爵要传达的经典。

东方银舍：中西文化的交融，展现着东方的谦逊与内敛，同时也融合了西方自由的色彩，工艺花鸟壁纸、黑色条案、花几、配以自由开放的西方家具及绚丽的水晶灯，谱写出东西方交融的魔幻空间。

保定珍逸食神

项目说明

项目名称：保定珍逸食神

设计单位：大石代设计咨询有限公司

设计主持：吴晓温

参与设计：张迎军

摄　　影：邢振涛

面　　积：2000m²

设计时间：2009 年 11 月

竣工时间：2010 年 3 月

工程主材：仿石材地砖、木饰面、镜面不锈钢、壁纸、皮革、水晶

项目地址：河北省保定市

设计说明

成功人士拥有的财富不同，但有一点他们是共同的，那就是追求品质生活，保定珍逸食神豆捞无论是从环境设计还是出品、服务都体现了追求品质生活的理念，金钱不等同于财富与成功，在驾驭财富的同时应该拥有自由的人生，以及释怀自己的梦想。

“收藏快乐生活的每一个片段”，这是我们在空间设计当中传达的生活理念。

自由人生，品质生活。通过对空间设计，传达出成功人士对生活的理解。

品质生活：环球旅游——航海记忆、远古非洲。

品质生活：庄园情节——怀旧留声。

品质生活：激情蓝调——爵士乐。

品质生活：法式红酒——异国情节。

品质生活：运动休闲——绿野高尔夫。

品质生活：收藏心情——水晶之恋。

当步入前厅，白色的迎宾台环绕着晶莹剔透的水晶，透过红酒墙，优雅的散厅隐约可见，一声欢迎光临珍逸食神豆捞，品质生活的大门开启。

这里融入了酒店、会所、shopping mall的元素，目的在于品质生活的片段的呈现，以及情景的融合互动，体现了多元化的混搭。

走廊深色木纹石衬托出陈设品的高雅与艺术感，低调奢华的氛围更加贴进成功人士的生活品质。

包间是一段段美好记忆，是一段段品质生活的开启，这里有航海归来的记忆，这里有朋友聚会的庄园情节，以及高尔夫的运动休闲、爵士乐的蓝调激情。

珍逸食神留给顾客的是一份品质生活的快乐。

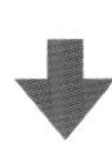

滨州福临德豆捞

设计说明

高档消费代名词：

——星级酒店

——高档会所

——shopping mall

——度假旅游

——休闲运动

——艺术品鉴赏、收藏

融入酒店、会所、家的多元化的特点

多元化的新派餐厅 ——滨州福临德豆捞。

大堂——酒店的气质、艺术之旅的开始……

走廊——海鲜景观墙、红酒架、特色灯饰，独具特色的卡间。体现了身份的象征及私密会所所体现的尊贵。

包间——融入酒店、会所、家的多元化的特点

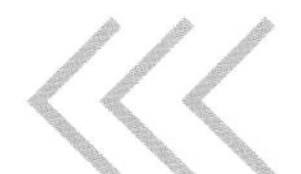

项目说明

项目名称：滨州福临德豆捞

设计单位：大石代设计咨询有限公司

设计主持：吴晓温

参与设计：张迎军、牛士伟

摄　　影：邢振涛

面　　积：5000㎡

设计时间：2010 年 3 月

竣工时间：2010 年 8 月

工程主材：洞石砖、古木纹、镜钢、茶镜、紫檀、壁纸、水晶

项目地址：山东省滨州市

福德厅
VIP206

福祥厅

福临德
海鲜火锅
私人医生
专业

北京福临德豆捞

项目说明

项目名称：北京福临德海鲜火锅
设计单位：大石代设计咨询有限公司
设计主持：吴晓温、张迎辉
摄　　影：邢振涛
面　　积：3500m²
设计时间：2012 年 10 月
竣工时间：2013 年 4 月
工程主材：爵士白、木纹石、皮革、金属花格
项目地址：北京市海淀区

设计说明

（1）文化来源

走进福临德，品味天下鲜

推开福临门，福气随心来

“福”字是一个表性质的会意字，可拆分为“示”与“富”两部分，后者代表的是古代祭祀用的器皿，而前者则代表双手，两部分合起来就是双手捧着祭祀用的器皿祷告上苍，祈求上苍赐予好运的意思。也就是说，“福”从诞生之时就承载着中国人美好的憧憬了。

（2）福文化的空间元素

“火锅中的琥珀”

福文化的创新、继承和时尚三者融为一体。

· 温润、含蓄具有无比的亲和力，给人一种安详恬静的心灵感受。

· 琥珀的美——含蓄智慧。

· 琥珀被称为佛教七宝之一，帮助修行人增长智慧，生出禅定智慧。

· 琥珀被称为有机宝石，象征着最美好的祝福。

大厅以“大红灯笼高高挂”的喜庆元素拉开福临德福文化的故事序幕，以艺术玻璃灯海展现张灯结彩的喜悦氛围。过厅主背景则由“福”字演绎，阐述了福文化的创意来源。电梯厅的祥云灯饰与地面的五福祥云遥相呼应，端景则是年年有余的福娃笑迎八方宾客。一层、二层以包间为主，地下为散厅部分，一二层采用回字形平面布局，为解决中间包间无采光及闭塞性问题，结合福文化元素，设置了“福在眼前”镂空金属花格，以琥珀色的透光玻璃营造出空间的温润感。门把手的朵朵祥云漂浮在走廊当中，空间转换部位地面设置祥云图案，走廊尽头竹影婆娑，功能艺术化点菜系统以艺术装置的形式设置于走廊不同区域。二层电梯厅的对景形象墙是所有包间以福命名的集合体，寓意幸福让大家围在一起，凹龛内置以“洪福齐天”云纹陶瓷艺术品。

包间内强调建筑感，六面体造型简约，以铜条勾勒使得墙面富有画面感，设计的重点则放在对家具陈设的推敲上，营造简约而精致的气质。

地下散厅，弥勒佛的雕塑寓意着“幸福很简单，知足常乐”。发光的陈设壁龛墙、窗帘之间的灰镜，通过空间层次感的设置解决了地下室的压抑感，透过弥勒佛一眼望去，竹影婆娑的发光墙下数条锦鲤游于白沙之中。

安全出口
EXIT

萬事如意

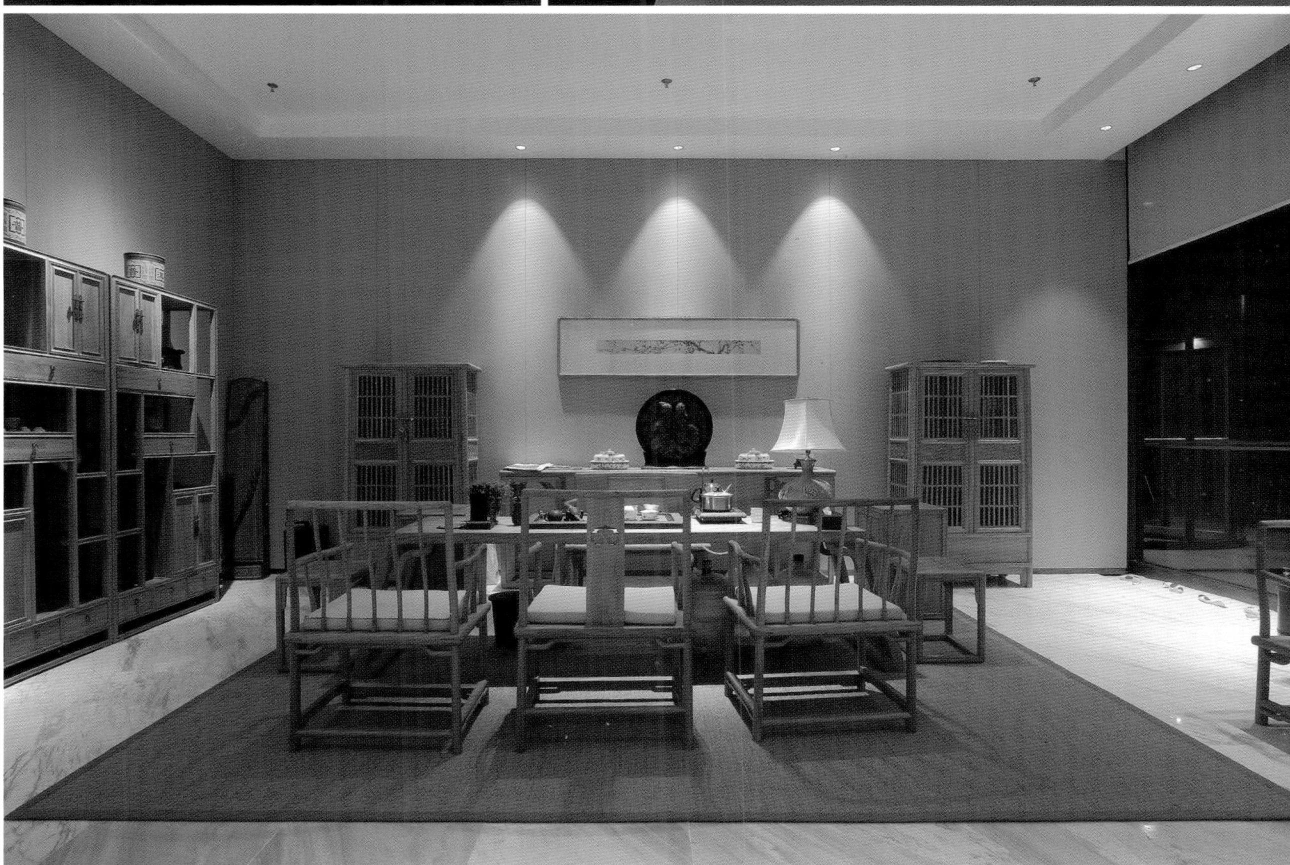

石家庄一品天下

设计说明

本案借物、借景寓意，布局端正，内藏品味，上为贵席，左三右三，中心一院，置景秀美，三位合围，各显一方。一品门户，取其中道，宾客所至，开门见山，侍者服务，奔走两侧，各行其道，秩序井然。

正厅——玻璃玄观，中间以宝碗为景，通体书文，一品天下四个酒红大字镶嵌其中，艺术氛围不言自喻。

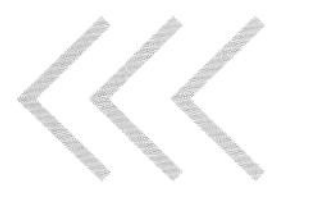

项目说明

项目名称：石家庄裕园广场一品天下

设计单位：大石代设计咨询有限公司

设计主持：张迎军

摄　　影：张迎辉

面　　积：600m²

设计时间：2007 年 5 月

竣工时间：2007 年 8 月

工程主材：壁纸、石材、裂纹漆、亚克力、地砖

项目地址：河北省石家庄市

厅堂之中以走廊为界，左首盆景绿植巧妙点缀，使其生机盎然。其中休憩之席颇典雅，宽大的古韵床塌配以中国茶道文化，外加床塌两侧上端的红色台灯相映成辉，尊贵华富无处不在。红色的墙壁书文尽现，巧琢精雕的横式“龙鱼木雕”更增添了经典的艺术氛围，使整个走廊空间沉稳而不失雅趣，活泼而不失内敛。右首墙壁玻璃柱和玻璃镜对而相映，镜在柱内，柱在镜中，亦真亦幻。人置入内，迷离而畅游似在汉唐剧中。

餐厅之门高大威武，让人有盛尊之感，双龙头之饰物横立门顶，名门大户之寓意深刻。

餐厅之内，琴棋书画尽现，佐以诗文、典故史识，美景美食，酣畅淋漓。汉唐情愫，博大精深，借势立题，尽显珍奇。诗词歌赋，大夫风雅，盛唐红韵颇为多彩。倘偌娃娃鱼宴，水中人参之滋补极品同为桌品，古典美食，文化渊源等非常物饰以重彩，琢以妙笔。当集成品牌，久盛不衰。

盥洗处黑灰色仿古砖传递古韵配以深红色壁帘，金色灼闪之镜遮面而出浪漫温馨，下衬金色盥洗台，皇室风范不语自现。

泰安骄龙豆捞

设计说明

骄龙豆捞作为全国连锁餐饮企业，统一的店面形象与企业文化已经成为骄龙企业成熟的运营模式。山东泰安骄龙豆捞店位于泰安市泰山脚下，由于泰安是一个旅游性城市，消费人群除了本地的中高端人群，还会有一部分的游客消费。所以在整体的空间设计上，采用了海派风格与地域文化结合的形式。

项目说明

项目名称：泰安骄龙豆捞

设计单位：大石代设计咨询有限公司

设计主持：李勇锋、张迎军

摄　　影：邢振涛

面　　积：2600m²

设计时间：2011 年 8 月

竣工时间：2012 年 1 月

工程主材：木饰面、仿石材地砖、皮革、雕刻板、壁纸

项目地址：山东省泰安市

在空间的设计上强调了空间的舒适与大气，高挑的大堂、私密的散厅、宽敞的包房、有情调的休息区和水景，都是专为商务客人量身打造；在地域文化在空间里的应用上，则是将泰山的图案、线描、国画等传统的表现形式进行提炼，采用现代的工艺和玻璃材料，将现代与传统在设计中相融合；在材料的选择上，地面选用了仿石材地砖，这样不仅美观实用，而且能很好地控制成本，也是对石材资源的一种节省。

聊城骄龙豆捞

设计说明

“豆捞”是这几年餐饮市场比较火爆的一种美食，它由于自然、健康而受到很多消费者的青睐，也成为人们宴请和团聚的首选。有“北方江南”之称的聊城的这家骄龙豆捞，自开业始就人气爆棚，除经营方出品质量过硬外，这跟我们对环境的精心塑造也是分不开的。

首先，是对就餐客人的私密性的考虑，中国人是内敛型性格，这与西方有很大不同，人们不愿意在享受私人空间时被人“观赏”，或成为别人注目的焦点，更不愿意谈话时有不认识的人“洗耳恭听”，所以我们在空间布局中借鉴了中国特有的庭院布局模式，人们交流和开放区域是“庭”，就餐区域为“堂”，甚至于“交通核”都隐于“影壁墙”之后，使空间充满体验感。

项目说明

项目名称：聊城骄龙豆捞

设计单位：大石代设计咨询有限公司

设计主持：霍庆涛

摄　　影：邢振涛

面　　积：2300m²

设计时间：2011 年 5 月

竣工时间：2011 年 12 月

工程主材：石材、皮革硬包、壁布硬包、不锈钢、茶镜、马赛克

项目地址：山东省聊城市

再就是，装饰手法上我们采用了海派的装饰手法，当然这同“豆捞”这个出品本身的内涵也是内合相关的。“豆捞”本身不是中国传统火锅的形式，它是由我国港澳沿海流入内地，然后得以发展，而“海派”这一“殖民风格”明显的装饰手法，就成为我们的首选风格。在东方与西方，柔软与坚硬，光洁与粗糙的对比中，使空间充满戏剧性，这对当地民众来说无疑是一种全新的环境感受，是他们心中“时尚高贵”的表现符号，同时骄龙图案定制花格屏的贯穿使用，又无时无刻地在提醒你，“我们是民族的”这让每一位来此就餐的客人为之振奋，也让经营者为之骄傲。

总之，这是设计与市场、与经营的完美配合，设计服务于经营，又来源于经营，这才是完美的商业设计。

103

102

HUANYINGNIN

紫御国际假日酒店
紫御国际假日酒店

承德紫御国际假日酒店

设计说明

在有着悠久历史的皇家园林旁营造一个现代化的酒店，这一命题对设计师来说充满了挑战。本次设计以“美”为基础，抛开了风格流派的束缚，不同于口号式的设计思路，在反复推敲、论证后，最终确定了“物博天下，形贯中西”的设计思路。

经过近两年的紧张施工，在大家的共同努力下，紫御酒店终于以一个完美的形态呈现在了世人面前。目光越过静静的武烈河水，紫御酒店优雅的伫立在河畔，显得异常端庄，没有一分多余的粉饰，同周边的环境达到了完美的融合。通透的落地窗将河畔的美景尽收眼底，形成了一幅幅动人的画面。

项目说明

项目名称：承德紫御国际假日酒店
设计单位：大石代设计咨询有限公司
设计主持：霍庆涛、张迎军
摄　　影：邢振涛
面　　积：12000m²
设计时间：2011 年
竣工时间：2013 年 1 月
工程主材：石材、木饰面、仿木地板、地砖、涂料、原木、木纹石地砖
项目地址：河北省承德市

酒店大堂简洁明亮，吧台背景墙上的向日葵朵朵绽放，显得十分灵动。一组吹拉弹唱的仕女雕塑顿时把人们的思绪引到了昔日皇家那歌舞升平的场景之中。

咖啡厅内灯光幽暗，在咖啡的袭人香气中，贵宾可以在这里静静地阅读一本好书，品一品窗外的美景，好好享受生活。

可容纳近 200 人同时就餐的婚宴厅显得气势恢宏，极具中国风格的婚宴背景，由蒙德里安抽象画衍生的花格，都为婚宴厅注入了浓浓的艺术气息，让人激动不已。

酒店客房简洁舒适，功能设施齐全，窗外美景尽收眼底，让旅途疲惫的游客顿时放松下来。

酒店的中餐厅是整个酒店的精髓和亮点，它将“物博天下，形贯中西”这一设计理念发挥到了极致。不同的风格在这里碰撞、共融，像一首和谐的交响乐，随时随地撼动着你的心灵。极具实用功能的西式壁炉为承德这个冬季极度寒冷的地方带来融融的暖意。宽大的法式沙发、餐椅给顾客提供了极大的舒适度，简洁大方的中式窗棂，采用油画订制的中式景物画，极具后现代风格的衣柜，中式花几上盛开的蝴蝶兰，珍藏在书架上的文化典籍无时不刻不在向人们传递着对中国文化的深深敬意。

美的东西是没有国界的，是没有风格圈囿的，卢浮宫前的金字塔，天安门旁的国家大剧院已经为我们作出了有力的典范，如今，承德紫御国际大酒店再一次印证了“物博天下，形贯中西”这一设计理念，这也是大石代设计师们在设计思路上又一次成功的全新尝试。

承德市公路养护技术培

唐山万逸海派酒店

设计说明

万逸海派酒店旨在打造英伦风格、伯爵人文生活方式，为社会主流人群、精英人士提供休憩品味、商务交际的品质空间。

酒店设计结合现代海派元素，整合出大气、时尚、典雅的英伦风格。璀璨的孔雀羽，晶莹的贝母面，在自由浪漫的氛围中彰显着典雅高贵，红酒、雪茄、书社穿插其中，在茶余饭后给予客人更多美好的体验。潺潺的流水环绕在大厅周围，停下快节奏的生活置身于小溪旁，品一杯法国红酒，随手一本书，放松一下心情，融入这优雅的环境中，感受 Million Leisure 带给您的尊贵享受。当然这有最好的 waiter、甜美的微笑、细心的照顾、人性化的考虑，这一切都带给了客人不同的生活体验。

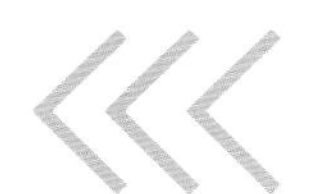

项目说明

项目名称：唐山万逸海派酒店
设计单位：大石代设计咨询有限公司
设计主持：吴晓温、张迎军
摄　　影：邢振涛
面　　积：12000m²
设计时间：2011 年 10 月
竣工时间：2012 年 5 月
工程主材：石材（翡翠绿、霸王花、雅典木纹）、皮革硬包、壁布硬包、不锈钢、做旧茶镜、贝母马赛克
项目地址：河北省唐山市

Willow Dwelling
VIP17

黄骅泊阳会馆

设计说明

黄骅地处北方，属新兴环渤海港口城市，无论从饮食结构还是文化上都与海产生着紧密的联系。“泊阳”意指停泊在东方太阳升起的地方，寓意着自己的事业蒸蒸日上。于是便有了“水木清华”这个主题。

在这里，“水”被空间凝固成了多种形态，晶莹剔透的水滴从顶部倾斜而下，被瞬间凝固，被捕捉成影像，于是便有了那晶莹剔透的“墙”，还有光影烂漫的水滴灯池。在这凝固的水世界里，还有栖息着的水鸟、鱼类，舞动着的水草的优美的身姿。

项目说明

项目名称：黄骅泊阳会馆
设计单位：大石代设计咨询有限公司
设计主持：霍庆涛、丁洁
参与设计：汤善盛、赵洪程
摄　　影：邢振涛
面　　积：4500m²
设计时间：2010 年 7 月
竣工时间：2011 年 2 月
工程主材：白木纹石材、白影木饰面、钨钢、素色壁纸
项目地址：河北省黄骅市

收银
CASHIER

宁波港

大量活水景观的运用也为空间增添了许多灵气。那倾斜而下的瀑布墙、蜿蜒曲折的叠水、喷洒而出的喷泉，在为空间提供装饰的同时，也为北方干燥的室内环境起到了一个很好的调节作用。

浅色木饰面和木纹石材的运用，赋予了整体环境一种明亮和温馨的色调，柔美的天然木纹，与晶莹的水滴交相辉映，形成了一幅“水木清华”的画面。

北京黔仁会馆

项目说明

项目名称：北京黔仁会馆
设计单位：大石代设计咨询有限公司
设计主持：吴晓温、李景哲、汤善盛
摄　　影：邢振涛
面　　积：2600m²
设计时间：2012 年 7 月
竣工时间：2013 年 5 月
工程主材：仿铜不锈钢、银白龙石材、木纹黄石材、水曲柳饰面、壁布硬包
项目地址：北京市朝阳区

设计说明

欧式的角线，中式的瓷瓶，古典风格的家具，加上沉淀历史沧桑的色泽，会是一个怎样的空间表情？每个时代都有自己独特的生活方式和精神气质，梦回民国，中西文化的碰撞，产生了当时特有的混搭文化。本案亦是探寻上世纪二三十年代的“民国味道”，借当时的时代文化背景，融汇现代新装饰主义的手法，去演绎一段现代版的民国范本。

在入口门厅空间采用斑驳的木纹黄石材搭配深色的做旧木饰面，颜色与材质的质感碰撞，强调的是对比与落差，穿越廊道进而转入散厅，古香古色的柜子陈列的是主人多年收藏的老酒，三五友人随意而坐，聆听着怀旧的黑胶唱片，小酌几杯，亦是快事。整个会所的二层仅设置三个豪华包间，充分满足主人对空间舒适性的追求。包间风格依旧延续混搭的手法把民国时期亦中亦西的味道发挥到位。而且每个房间所承载的各自特性也不尽相同，长条桌形式法餐就餐区、欢愉放松的试听室、相对私密的棋牌间、围炉而坐的畅谈休闲空间，分别用以客人不同的需求。三层空间是用以接待友人的客房，碎花做旧的羊毛地毯，色彩素雅的绒布硬包，以及客房中摆置的行李箱与旗袍，无不衬托民国的气息，让人转换时空感受历史。四层挑高的厅堂空间是整层精彩之处，最高处达到 5 米，顶部则局部采用玻璃窗的形式，让人可以随意沐浴室外的阳光。另外四层厅堂空间把中国园林借景的手法运用其中通过连接外院平台的玻璃隔断亦可享受屋顶花园带来的自然气息。

整个空间是一种积淀民国文化的空间尝试，它的表达方式可能更多的是现代装饰的手法。也许空间并不是表达文化的全部载体，它缺少的是当时历史的人文氛围与精神气息。我们无法把历史原封不动的交给现代人，它更多融合了我们对时代的理解。民国文化，带给我们更多的是一种时代风格的启迪，而不是民国历史的拷贝粘贴。

555

天鴻和
TIAN HONGHE HOTEL
和悦名肴 天香致鸿

扬州天鸿和

项目说明

项目名称：扬州天鸿和
设计单位：大石代设计咨询有限公司
设计主持：牛士伟、张迎军
摄　　影：邢振涛
面　　积：1900m²
设计时间：2010 年 4 月
竣工时间：2010 年 10 月
工程主材：意大利木纹石、白色洞石、灰木纹石材、黑金龙石材、直纹花梨木饰面、银箔饰面、玫瑰金不锈钢、皮革、壁布等
项目地址：江苏省扬州市

设计说明

天鸿和——健康生活方式倡导者，餐厅定位以经典为基础，把海派新贵的理念导入餐饮经营当中，针对高端客户对现代生活、交际的高端需求，打造新贵族健康休闲的就餐环境。

从经营及设计的定位来说，“天鸿和餐饮文化”都把经典作为一种考量与文化的延续，无论是美食，还是到位的服务及 ART DECO 风格以及就餐环境的营造，都呈现给高端客户以经典的感受与美妙回忆。

如今的餐厅不单单是就餐环境而已，多元化的时代造就了多元化的生活方式，也引领着餐厅的概念在不断升级，商务、会谈、休闲、家宴，倡导着餐饮的多元化时代。

“天鸿和”设计理念也源于对健康、新贵、经典的一种追求，营造新时期的经典生活。无论是外观还是内部环境，都力求给人以精致感官以及精心服务的品质。

芝芝公館

重庆生生公馆

设计说明

昔日豪门旧宅今日改造成了具有独特风格的私人会所，历史场景转换成了可供欣赏的消费空间，成为重庆地区高端消费者情有独钟的标志性消费场所，300 平方米私属公馆为客户提供会客、商务宴请、KTV 娱乐、养生 SPA、观景沙龙吧等优雅舒适的环境及高端的专属服务。

1500 多平方米的会所是隐于闹市的室外桃园，设有 14 个海派风格的豪华包间，其中特色尊贵大包间拥有叠水观景的独立花园庭院，散厅可举办小型庆典仪式、朋友聚会、公司会议、时尚派对，还设有观景长廊。同时设有会员尊享的麻将室、红酒房、书吧、网吧等。

项目说明

项目名称：重庆生生公馆
设计单位：大石代设计咨询有限公司
设计主持：张迎军、吴晓温
摄　　影：邢振涛
面　　积：2000m²
设计时间：2011 年 10 月
竣工时间：2012 年 6 月
工程主材：古铜不锈钢、银白龙石材、法国帝王黄石材、水曲柳、茶镜、壁布硬包
项目地址：重庆市渝中区

环境定位：民国文化 + 高级公馆 + 艺术 = 中西交融的海派新贵的典范

出品定位：重庆 + 写意菜 + 艺术 + 高家食谱 = 生生公馆私房菜

精神定位：生活 + 生意 + 修为 = 平台（交的是友，聚的是圈）

生生公馆设计时在遵循民国时期的文化特点的同时，注入了现代元素，体现了民国时期文脉的延续。民国的“范”优雅含蓄，是新旧思想的变革、中西文化的融合。那个时期的“范儿”是一种“中国式的贵族气息”，包含了儒雅和大胆的思潮，生生公馆从色调上营造“中国式的贵族”的空间氛围，水曲柳做旧的墙面配以大胆的着色橄榄绿壁布、钴蓝色布艺，儒雅中突显“范”的气质，家具、陈设、挂画均做了二次提炼，以民国时期的基调演绎现代的文化特征，“蒙太奇”式的叠加手法，使得民国记忆、民国故事、民国的色彩、荡漾在空间当中，让客人去触摸、去联想、去回味。这里不再照搬留声机，而是让一曲“夜上海”“夜上海，夜上海，你是个不夜城。华灯起，车声响，歌舞升平”，唤起人们对民国时期摩登文化的记忆。

这种摩登也是民国的“范儿”，生生公馆是一个寻找故事的地方，由于公馆坐落在渝中区李子坝公园内，使得公馆远离了城市的喧闹，更多了一份儒雅的文人气质。穿越幽静的公园进入公馆内“中国式的贵族气息”油然而生，门厅民国人物主题绘画打开了空间故事的片头。接待区有荷花（二维画面）与铜质鲤鱼（雕塑）在舞台聚光的照射下点出了“生生不息，周而复始”的生生公馆寓意。休息区皮质沙发、壁炉、酒柜在 5 米高的挑高空下气度非凡，坡屋顶民国时期的场景画，让人慢慢品味历史的记忆，14 个海派风格的豪华包间以民国时期的名人命名，通过融汇中西与古今的海派风格的设计，包间体现出庄重、古典、繁华、尊贵的特点 ，有的摩登，有的优雅含蓄，反应了民国时期名门贵族的生活印记。生生公馆的设计透过人文、历史、哲学、艺术等在空间的延展与植入挖掘空间特有的历史与文化 ，赋予了空间更多的生命与灵性。

COLLETTE

舍得

北京三里屯魅纱餐厅

项目说明

项目名称：北京三里屯魅纱餐厅
设计单位：大石代设计咨询有限公司
设计主持：吴晓温
摄　　影：邢振涛
面　　积：600m^2
设计时间：2012 年 11 月
竣工时间：2013 年 4 月
工程主材：拼木地板、灰砖、橡木、涂料
项目地址：北京市朝阳区

设计说明

魅纱西餐厅位于北京三里屯 village 北区，北区环境为开放庭院式格局，多栋钻石型建筑，集合了当下国际一线品牌，为人们提供了更多新奇有趣的体验。魅纱的室内设计秉承家庭聚会时的放松、愉悦、感染力的设计理念，正餐＋餐吧为客人提供欧陆美食及各种创意菜式。

餐厅分为上下两层，一层设有吧式等候区，可供客人作简短的等候和交流，一层阳光透过玻璃屋顶洒落在砖墙及木地板上，犹如家庭别墅的客厅给人以家的放松休闲，空间强调情感的互动，展示柜是主人旅行记忆的收藏，与客人形成一种情感的交流。特意设置一面书写墙记录这里发生的有趣故事，简简单单的砖墙粉饰白色涂料，在一天阳光不同的变化下，砖墙有了时间的记忆，在这里可以细细品味慢生活的正餐。

二层正餐结束后晚上可以转换为酒吧模式，周末轻松的夜晚，爵士与鸡尾酒是不可少的。围绕开放的酒水吧，餐厅灯光缓缓变化空间变成暗夜涌动的妩媚，窗边的酒架是主人收藏的各种名贵红酒，魅纱代表的是一种简约的家庭聚会，但这种简约不是让客户觉得自己在一个过于时尚的场所，而是让大家感觉到舒适轻松，就像在自己家餐桌上吃饭一样，这也是我们设计的初衷。

mesa

mesa

manifesto

邯郸川悦春天

项目说明

项目名称：邯郸川悦春天
设计单位：大石代设计咨询有限公司
设计主持：张迎辉、霍庆涛
摄　　影：邢振涛
面　　积：1500m²
设计时间：2010 年 7 月
竣工时间：2011 年 1 月
工程主材：木纹石材、木饰面、钨钢、素色壁纸、灰镜
项目地址：河北省邯郸市

设计说明

春天是美的开始，是希望的开始，是生活的开始。春天是生命的萌动，积雪里萌生的小草，枯枝上吐出的嫩蕾，昭示着万物对春天到来的由衷喜爱。春天是轻松的，是安静的，是欢悦的。川悦春天是对惬意生活的一种享受，是对高雅品味的一种追求。这是本案设计师的创意源泉。

仓储式的隔断——高展柜，虽被分割为不同的小空间却不失整体感，反而更使得整体布局错落有致，前厅小餐具的存放，杂志、小花盆、粗瓷与绿纱的组合更是对都市生活的一种丰富，是繁忙的都市人想放松、休憩的寄托，是都市人享受生活的一种方式。

散厅分区方式为“三三原则”，具体分三大区，每区三单元，每单元三桌。区域内开放与专属有机结合，开敞的空间拉近了都市人的距离，而私人的专属空间，又不失舒适感，别有一番滋味。

誰家食府譜
新章酒添色
菜生香川悦
春天歡悦話
食尚盛世親
民味芬芳奇
珍聚百家長
雅客歡聚情
意長旭日昇

99
8

电视剧
A19

誰家食府譜
新章酒添色
菜生香川悅
春天歡悅話
食尚盛世親
民味芬芳奇
珍聚百家長
雅客歡聚情
意長旭日昇
喜洋〻玉食珍
言心已漾
STAGE

食尚亲民欢

邢台隆尧恒倩实业

项目说明

项目名称：邢台隆尧恒倩实业
设计单位：大石代设计咨询有限公司
设计主持：张迎军、朱长波
摄　　影：邢振涛
面　　积：500m^2
设计时间：2012 年 7
竣工时间：2012 年 12 月
工程主材：黑檀木饰面、壁布硬包、不锈钢等
项目地址：河北省邢台市

设计说明

邢台隆尧会所是一家私人高端会所，位于邢台市隆尧县，拥有餐饮、茶会、办公等多种功能。会所采用现代中式装修风格，彰显主人品味，简洁、大气。

会所分为两个区域：餐饮区和办公区。

餐饮区主要是商务接待和员工就餐。商务接待包间占据整个餐饮区的一半，内设两个豪华包房和一个休息区，分别适合不同的消费人群使用，使得空间利用和布局更加合理和灵活。另外，会所内部设有独立的备餐间和洗手间，令空间私密感更强。

办公区分成了三个空间，具有接待、茶室和董事办公三大功能。董事长办公区使用独立的客房和大小茶室，形成内外套间，让主人回归家的感觉。

装饰选材上主要有黑檀木饰面、壁布硬包、黑色不锈钢、防石材地砖等。亚麻壁布的使用显得整个空间干净整洁，迎合主人喜好，用缅甸花梨木以及老榆木作为配饰，仿佛一股浓郁的古朴气息迎面而来。地面设计也是落落大方，地毯的使用可谓恰到好处，柔软的地毯和冰清的地面相互中和，既不显得冰冷，又不显得热烈。整个室内徜徉着暖暖的温情。

恒情集園

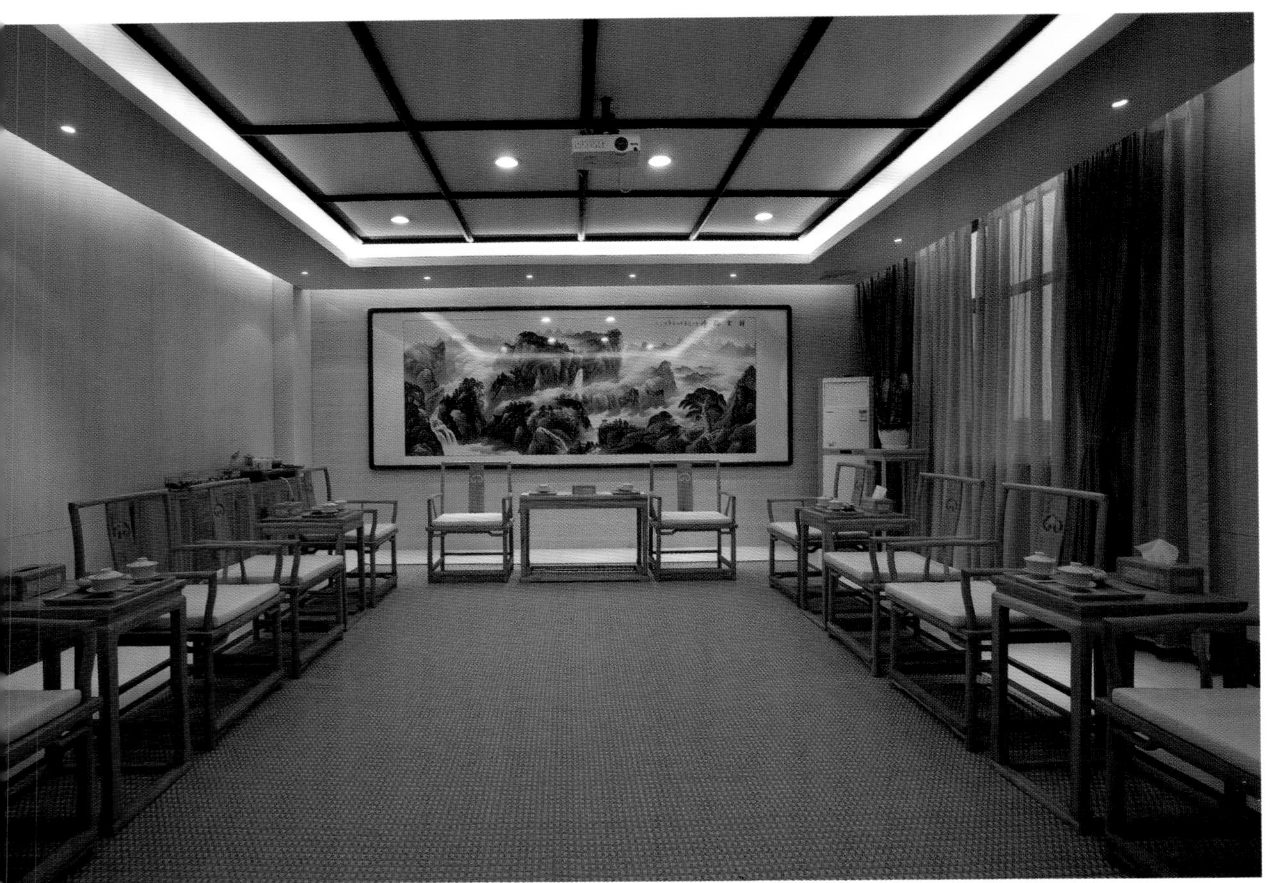

设计师简介

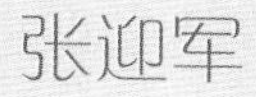

张迎军

国际室内建筑师联盟设计师 IFI 专业会员
中国百人杰出青年室内建筑师
大木设计中国理事
中国室内建筑学会 23 专业委员会委员
中国装饰协会设计委员会委员
中国纪晓岚研究会副会长
河北省饭店烹饪行业协会理事
大石代设计咨询有限公司运营总监
项目：澳门豆捞、凰茶会、南池、阅微食府、东北虎黑土印象、骄龙豆捞等

张迎辉

中国室内学会室内设计分会会员
室内建筑师
大石代设计咨询有限公司工程公司总经理
项目：石家庄春秋茶楼、石家庄上品鱼庄、石家庄小肥羊精品店、河南洛阳红磨房夜总会等

吴晓温

中国室内学会室内设计分会会员
室内建筑师
大石代设计咨询有限公司设计总监
项目：保定珍逸食神、包头珍逸食神、天津井河公馆、唐山万逸海派酒店等
“包头珍逸食神”获 2009 中国室内空间环境艺术设计大赛二等奖
“八号御膳”获 2011 年晶麒麟中国室内设计大奖赛优秀奖
“生生公馆”获 2012 年晶麒麟中国室内设计大奖赛优秀奖

设计师简介

张京涛

中国室内学会室内设计分会会员

室内建筑师

大石代设计咨询有限公司设计总监

项目：石家庄凰茶会、石家庄名家澳门豆捞、石家庄凰茶会、石家庄御海阁酒店、石家庄湘玲珑餐厅、山东德州骄龙豆捞等

“湘玲珑餐厅”获 2010 金堂奖优秀奖

“凰茶会”获 2011 金堂奖优秀奖

霍庆涛

中国室内学会室内设计分会会员

室内建筑师

大石代设计咨询有限公司主任设计师

项目：承德紫御国际假日酒店、石家庄承德会馆、石家庄麦浪KTV、石家庄热河食府、黄骅泊阳酒店、聊城骄龙豆捞等

“邢台 KTV”获 2008 中国国际室内设计双年展三等奖

2008 海峡两岸设计展佳作奖

牛士伟

中国室内学会室内设计分会会员

室内建筑师

大石代设计咨询有限公司主任设计师

项目：扬州天鸿和、扬州天福同酒店、北京百年食府、张家口香园楼等

李景哲

室内建筑师
大石代设计咨询有限公司主任设计师
项目：唐山东来顺酒店、廊坊麻辣风酒店等
“唐山东来顺酒店”获 2011 金堂奖优秀奖

王国猛

室内建筑师
大石代设计咨询有限公司主任设计师
项目：济南金春禧、秦皇岛捞福来、秦皇岛足生堂、宣化明瑞食府、邯郸大光明酒店等

李勇锋

室内建筑师
大石代设计咨询有限公司主任设计师
项目：山东泰安骄龙豆捞、邯郸大光明酒店、溧阳新华厨等

● **总 策 划**

王丙杰　贾振明

● **责任编辑**

张建平　李晨曦

● **排版制作**

腾飞文化

● **编 委 会**（排序不分先后）

玮　珏　苏　易　杨明月

张　婷　夏　洋　晨　钟

马艳明　侯艳梅　玲　珑

● **责任校对**

李新纯

● **版式设计**

吕记霞

● **图片提供**

大石代设计咨询有限公司

创意无限